GUSTAVE FLOURENS

HISTOIRE
DE L'HOMME

COURS D'HISTOIRE NATURELLE DES CORPS ORGANISÉS

AU COLLÉGE DE FRANCE

PREMIÈRE LEÇON

Prix : 50 centimes

PARIS

GARNIER FRÈRES, LIBRAIRES-ÉDITEURS

6, RUE DES SAINTS-PÈRES, ET PALAIS-ROYAL, 215

1863

GUSTAVE FLOURENS

HISTOIRE
DE L'HOMME

COURS D'HISTOIRE NATURELLE DES CORPS ORGANISÉS

AU COLLÉGE DE FRANCE

PREMIÈRE LEÇON

PARIS

GARNIER FRÈRES, LIBRAIRES-ÉDITEURS

6, RUE DES SAINTS-PÈRES, ET PALAIS-ROYAL, 215

1863

PARIS. — IMP. SIMON RAÇON ET COMP., RUE D'ERFURTH, 1.

A MON PÈRE

Tu decus omne tuis.

HISTOIRE

DE L'HOMME

Les peuples de race blanche qui habitaient dans l'Asie occidentale, entre la mer Caspienne et les monts Belour, se séparèrent. Les uns marchèrent à l'orient et atteignirent l'Hindoustan; les autres se dirigèrent vers l'occident, et nous les retrouverons en Europe.

C'est le plus ancien souvenir de nos ancêtres que nous possédions.

Ils quittaient leurs séjours primitifs, parce qu'ils étaient devenus trop nombreux et n'y pouvaient plus subsister. Ils avaient ces espérances sans bornes, cette ardeur indomptable, ce désir de l'inconnu, qui nous animent encore, nous, leurs descendants, et nous font conquérir le monde. Ils se sentaient capables de constituer des sociétés meilleures ; ils avaient conscience de la force et de la grandeur de leurs âmes. Ils abandonnaient ces plaines de l'Asie, ouvertes aux émigrations, au passage des homades, où jamais la civilisation n'aurait pu naître. Et ils ne devaient s'arrêter que dans ces étroites presqu'îles qui terminent le continent asiatique, à l'ouest, et s'appellent Europe. Là, les peuples sont indépendants les uns des autres ; ils ont chacun leur domaine distinct, leur patrie, défendue par des mers, des fleuves, des montagnes. Ces frontières naturelles les protégent contre les invasions des hordes barbares ; la mer favorise les communications entre eux, et porte, sur tous ses rivages, leurs idées, leurs inventions, leurs colonies,

Ils s'appelaient eux-mêmes les Aryas, les hommes purs, et ils méritaient ce nom. C'est d'eux que nous viennent nos idées les plus élevées, nos sentiments les plus nobles, nos fidélités inébranlables, nos généreuses abnégations. Ces Grecs, spirituels et intelligents, braves soldats, poëtes, orateurs, artistes passionnés; ces Germains, ces Gaulois, si fiers dans le combat, guerriers chevaleresques, amis dévoués, c'étaient les fils des Aryas. Ils ne craignaient rien au monde; ils s'élançaient gaiement dans l'épaisse mêlée, sûrs d'y être rejoints par leurs frères d'armes et sauvés par eux, s'ils venaient à tomber. Ils sacrifiaient volontiers leur vie, jamais leur honneur. Ils étaient pleins de respect pour les faibles, désintéressés, esclaves de leurs promesses. L'étranger qui demandait l'hospitalité, fût-il un ennemi, ils lui donnaient la meilleure place dans leurs étroites cabanes. C'étaient de nobles cœurs. Et nous aussi, Français, nous sommes Aryas, et ce sont les mêmes qualités qui nous font grands. Nous avons, comme les Grecs, l'amour du vrai et du beau, le goût pur, l'expression heureuse. Nous tenons de nos pères, Gaulois et Germains, l'intrépidité, l'élévation des sentiments, la bonté.

Chez tous les peuples de la division aryane, le corps est aussi bien constitué que l'âme. Il offre l'organisation la plus parfaite, la mieux appropriée à la condition humaine. Les nègres ont des muscles plus vigoureux ; les indigènes de l'Amérique septentrionale avaient des sens plus développés, une sûreté d'instincts très-grande. Mais la supériorité de l'homme ne consiste point dans la possession de ces qualités matérielles. Elles sont le partage des animaux et ils y surpassent les peuples les mieux doués. La supériorité de l'homme lui vient de son âme. Celle-ci doit prédominer sur les organes. Trop de force musculaire l'avilit, trop de matière l'oppresse et arrête son essor. Des sens trop développés lui enlèvent son pouvoir et se l'asservissent. Les instincts qui sont ses puissances inférieures ne peuvent grandir sans étouffer ses puissances supérieures, raison, passion, volonté. Il faut donc diminuer toutes ces forces secondaires, en sacrifier une partie pour assurer la prédominance de l'âme et fonder la force morale.

La division aryane présente au plus haut degré cette subordination de la matière à l'esprit. La tête se compose de deux parties, le crâne et la face. Le crâne contient le cerveau, substance délicate et parfaite, intermédiaire entre les volontés de l'âme et les mouvements du corps. La face contient les organes des sens. Le développement du crâne anoblit le visage; celui de la face le dégrade. Dans la tête bestiale la face s'allonge, la bouche devient un instrument de préhension et de défense qui remplace les mains employées à la locomotion. Le cerveau n'ayant plus pour fonctions que des instincts et quelques parcelles d'intelligence, se réduit à de petites dimensions : au lieu de dominer la face, le crâne la continue. Dans la tête humaine, le cerveau déborde de toute part, le crâne se dresse en avant au-dessus de la face et constitue le front. Or, de tous les hommes, ce sont les Aryas qui ont les plus beaux fronts, les plus vastes et les plus intelligents.

Leur tête forme un bel ovale, les traits de leur visage sont pleins d'élégance et de distinction. Les lèvres sont fines, la bouche petite et bien fendue, le nez droit, les oreilles lobulées, les cheveux lisses et abondants. En général, les cheveux sont blonds, les yeux bleus, le teint clair; mais rien n'est plus variable que les colorations. Les yeux ont une vivacité, un éclat, une richesse d'expressions, qui leur permettent de peindre éloquemment tous les sentiments, toutes les passions de l'âme. La voix, formée par des cordes sonores, flexibles et déliées, produit les sons les plus variés et les nuance à l'infini. La taille est svelte, dégagée, le maintien noble, les mouvements aisés, la démarche majestueuse, grâce à l'heureux agencement des os et des muscles. Ceux-ci sont fermes, résistants, bien proportionnés, ils ne font ni creux ni saillies, ils s'insèrent avec autant de justesse que de solidité sur les os qu'ils doivent mouvoir.

Avant leur séparation, le génie des Aryas s'était déjà révélé en créant une langue pure, riche, harmonieuse, source des plus beaux langages qui aient jamais exprimé la pensée de l'homme. Nous ne possédons aucun monument de cette langue ; mais l'idiome sacré des Hindous, le sanscrit, nous en offre une image assez fidèle, et chacune de nos langues européennes, mortes ou vivantes, en dérive. Les mots y ont subi plus ou moins d'altérations ; ils ont toujours conservé leur figure aryane. Chaque peuple les a transformés d'après son caractère, ses occupations, le climat qu'il habitait ; car le climat modifie les organes de la voix. L'uniformité du langage se maintient à peine chez les nations civilisées fixées chacune dans leur pays; elle ne pouvait subsister chez des émigrants dispersés à travers le monde. Les Aryas avaient aussi inventé des fables qui se retrouvent diversement interprétées chez leurs descendants. Leur imagination vive expliquait les faits matériels par de gracieuses fictions. Ne connaissant pas les lois de la matière, ils supposaient des dieux agissant sur elle, semblables à l'homme, mais plus puissants.

Ceux qui vinrent dans l'Hindoustan y trouvèrent des peuples noirs. Ils les soumirent, et, afin d'empêcher le mélange entre les deux races, ils établirent les castes. S'allier avec des individus d'une autre caste devint le plus grand des crimes : les classes mêlées furent vouées à l'opprobre et à l'abjection. Elles se multiplièrent pourtant, et de là viennent ces populations si variées de l'Hindoustan. Les castes mêmes qui se conservèrent pures de toute alliance avec les vaincus subirent l'influence du climat. Leur teint brunit, leurs membres devinrent grêles, leurs caractères soumis mais cruels.

Les Hindous ont beaucoup pensé, peut-être même plus que les Grecs. Mais, au lieu d'étudier d'abord les faits, ils ont voulu les expliquer sans les connaître, et se sont égarés. Les Grecs ont cherché à comprendre les faits, et c'est en suivant la même voie que nous sommes parvenus à déterminer les lois de la matière, à nous l'asservir, à concevoir l'action de notre âme. Les Hindous ont une poésie d'une grande beauté, d'une richesse exubérante. Mais ils n'ont point la mesure. Ce qui est le plus difficile aux imaginations puissantes, c'est de s'arrêter à temps. Les Grecs y ont excellé.

Cette poésie hindoue a deux époques bien distinctes. La première inspiration fut toute aryane. Elle produisit les Védas, hymnes magnifiques, élans de joie et de reconnaissance d'hommes-enfants. Ces hymnes ne demandent que le bien-être matériel, ils n'invoquent d'autres dieux que l'eau, l'air et le feu. La seconde inspiration est sacerdotale. Les castes existent, celle des prêtres domine. Les trois premières ont chacune leur dieu, et l'association de ces trois dieux constitue la trinité hindoue. Cette inspiration est aussi fort belle; elle a produit de vastes poëmes, pleins de sentiments nobles et purs, d'idées gracieuses, une loi bien conçue et bien ordonnée, œuvre d'une profonde sagesse. Puis de gigantesques traités religieux, obscurs, vides, inintelligibles.

Les Grecs ont réussi dans tout ce qu'ils ont fait, et si bien réussi que nul ne les a surpassés. Ils avaient le corps aussi heureusement doué que l'âme. A côté des débris mutilés de leurs statues, les meilleures œuvres modernes pâlissent. C'est qu'ils comprenaient la vraie beauté humaine, la beauté intelligente. Chaque espèce a sa beauté particulière, déterminée par sa condition: la condition de l'espèce humaine étant de penser, il faut que, dans ses images, la matière se transfigure et devienne pensée. Ils n'ornaient point le corps, ils ne s'efforçaient pas de le rendre aimable et attrayant, ils s'en servaient pour peindre l'âme. Jamais ils ne s'éloignaient de la réalité. Quand on eût mesuré l'angle facial de leur Apollon, il sembla que c'était un type de convention, idéal, impossible. Et l'on en trouva ensuite, parmi les paysans grecs, des modèles vivants, avec des fronts aussi développés, des os maxillaires supérieurs aussi perpendiculaires.

Les Romains ne valent point les Grecs. Ils avaient des corps robustes, de taille moyenne, l'œil dominateur, la tête large, le nez aquilin, le menton saillant. Ils comprirent la supériorité intellectuelle des Grecs et eurent le mérite de s'y soumettre. Les Grecs, vainqueurs en Asie sous Alexandre, détruisirent avec mépris tous les monuments de la civilisation asiatique. Les Romains, au contraire, lorsqu'ils eurent asservi la Grèce, se firent les disciples de leurs esclaves. A Rome, la superstition était grande, la formule toute-puissante, le despotisme de l'oligarchie insupportable. Mais l'énergie était immense. Ces bandits, fondateurs de Rome, forcés à l'origine de vaincre pour vivre, en prirent l'habitude. Ils conquirent avec intelligence, apprenant aux vaincus leur civilisation, donnant des lois aux peuples. Ce sont encore leurs lois qui nous gouvernent. Ils ont fondé le droit; ils se sacrifiaient toujours au devoir. Cependant leurs vertus n'attachent point; elles ont trop de roideur, de dureté.

Nos pères furent grands avec plus de simplicité. Les Gaulois présentaient le type arya dans toute sa pureté : teint blanc, cheveux blonds, yeux bleus. Ils étaient de haute taille, ils avaient la tête large, fièrement portée par un cou élevé. Ils n'écrivaient point leur histoire; nous ne les connaissons guère avant leur contact avec Rome. Ils n'avaient d'autres monuments que des pierres superposées ou des rangées de pierres; leurs poëmes sacrés n'étaient confiés qu'à la mémoire des prêtres. Mais nul ne les égalait en force, en courage, en mépris du danger. Avec leurs mauvaises armes, ils taillaient en pièces les légionnaires romains, bien armés et bien disciplinés. Contre eux, ce n'était pas pour la gloire, mais pour la vie que Rome se battait. Ils la prirent, la brûlèrent. Dès qu'ils remuaient, tous les Romains se levaient en masse. Il fallut le génie de César et huit années de luttes opiniâtres pour conquérir la Gaule. Elle se consola de la perte de son indépendance en s'appropriant la civilisation romaine et en développant son intelligence. Elle repoussa longtemps les Germains, puis devint leur proie. Ceux-ci, s'étant mêlés aux vaincus, se transformèrent par ces mélanges, d'où résulta la nation française.

Les Français, les Italiens et les Espagnols ont conservé l'empreinte romaine. Ils parlent la langue latine plus ou moins modifiée. Les Italiens et les Français ont fondé la civilisation moderne. Les Germains, qui sont restés sur la rive droite du Rhin, les Allemands, forment un autre groupe. Bien moins latinisés, ils ressemblent beaucoup aux Hindous. Comme ceux-ci, ils aiment les longues et patientes méditations. Ils se plaisent dans le vide, ils le discutent, l'analysent. Ils expliquent tout ce qui est inexplicable, mais souvent ils prennent les ténèbres pour de la lumière. Comme les Hindous, ils sont très-patients, très-résignés. Ils ne savent point agir, passer de l'idée à l'action ; d'ailleurs, pleins de bravoure, laborieux et intelligents.

Les Germains du nord, Danois et Scandinaves, prirent pour eux la mer. Ce furent d'audacieux pirates. Placée sur un sol stérile, leur population surabondante ne pouvait subsister. Ils firent des émigrations réglées. L'Angleterre, peuplée par les mêmes tribus que la

Gaule, avait longtemps aidé celle-ci à repousser la domination romaine. Puis, les Romains l'avaient soumise et désarmée. Quand ils l'abandonnèrent, elle devint la proie des Germains septentrionaux. Trois tribus germaines, Saxons, Angles, Danois, s'y établirent et asservirent ou exterminèrent les Bretons. Des aventuriers scandinaves firent la conquête de la Russie. D'autres vinrent par bandes nombreuses ravager la France, que les indignes successeurs de Charlemagne ne savaient pas défendre. Ils en prirent une des meilleures provinces, la Normandie, qu'ils rendirent très-florissante et où ils se francisèrent, adoptant la langue et les mœurs du pays. Mais ils ne perdirent point dans ce nouveau séjour le goût des aventures et des entreprises avantageuses. Ils allèrent conquérir l'Angleterre et y fonder la fière aristocratie qui gouverne ce pays. Ils y portèrent leur langue nouvelle : de la fusion des langues française et allemande sortit l'anglais. Ils y portèrent aussi leur esprit audacieux, mais avisé, leur caractère énergique, avide d'indépendance. De leur mélange avec les Germains non francisés et les restes des Bretons naquit cette nation anglaise si forte, si persévérante, si active, maîtresse de tant de peuples.

Les Aryas qui occupent l'Europe orientale s'appellent Slaves. Il est une nation parmi eux qui a conservé toute la noblesse de caractère, toute la beauté aryane. Ce sont les Polonais. Ils sont restés purs de tout mélange avec les jaunes, les Mongols, et ils en ont préservé l'Europe. Autant le mélange entre peuples de même race est bienfaisant, autant il est funeste entre peuples de races différentes. La Russie, soumise pendant deux siècles à ces hordes barbares, s'est fortement mongolisée. De là son infériorité en civilisation. Les langues slaves ont de la richesse et de la douceur. Elles s'éloignent moins du sanscrit que les langues de l'Europe occidentale. Car elles ont eu bien moins de mouvement et de vie que eelles-ci : elles n'ont pas été mêlées et remaniées sans cesse.

La séparation des Aryas fut précédée par l'établissement dans les pays voisins de l'Aryane d'une colonie, souche des Persans. Cette colonie parlait une langue appelée zend, issue, comme le sanscrit, du langage primitif des Aryas. Le zend est l'origine des langues persanes. Les livres sacrés de la Perse n'offrent pas le même attrait que ceux de l'Inde. Nous n'en possédons que les parties les moins intéressantes, une théogonie et des bréviaires. Les Persans fondèrent un vaste empire détruit par Alexandre. Ils avaient les traits réguliers, les yeux grands, ils étaient bien faits, et ce type se conserve encore dans une partie de la Perse. C'est un peuple vif, spirituel, ami du merveilleux, des génies et des fées.

La division araméenne se distingue de la

division aryane par ses cheveux et ses yeux noirs. Mais les mélanges entre ces deux divisions ont été si nombreux que les caractères de coloration de l'une ont souvent passé à l'autre. Les langues les distinguent mieux : les Aryas et les Araméens n'ayant eu entre eux aucun rapport à l'époque où ils inventaient leurs langages, ces langages sont complétement différents. Les langues dites sémitiques n'ont point l'élévation des langues aryanes. Elles sont toutes matérielles comme le génie de leurs inventeurs. Les livres sacrés composés dans ces langues ont la pompe, la majesté, l'éclat oriental : ce sont les plus belles productions de ces peuples. Hommes d'instincts et de sens, ils ont peu pensé. Ils aiment l'ignorance. Tandis que les fils des Aryas, Hindous et Grecs, s'épuisaient pour découvrir la vérité, eux déclaraient la volupté seule digne d'occuper l'homme. Si nos pères avaient suivi de tels conseils de paresse et d'égoïsme, nous serions bien éloignés de posséder notre civilisation actuelle.

Jamais ils n'ont connu d'autres mobiles que l'intérêt et le fanatisme. Leurs inventions sont toutes dues à l'amour du lucre. S'il est vrai que les Phéniciens nous aient légué notre écriture si simple et si commode, ils ont rendu à la pensée le plus grand service matériel. Des marchands avaient besoin pour leurs transactions commerciales de signes peu compliqués, peu nombreux, faciles à manier. Les Juifs du moyen âge ont fait tout le commerce de l'Europe, ils ont institué les banques et les lettres de change. Mais il ne faut chercher parmi eux aucune de ces nobles qualités qui appartiennent aux Aryas. Ni générosité, ni dévouement, ni reconnaissance pour les services rendus. La civilisation phénicienne fut toute mercantile, d'un caractère sordide et repoussant. Sensuelle et féroce, quand les enfants, qui pullulaient dans ses étroites cités, en gênaient les habitants, elle les brûlait en l'honneur de ses idoles. Les nations soumises aux Phéniciens étaient durement exploitées. Ils furent les premiers commerçants de l'Occident; ils fondèrent, sur tous les rivages qu'abordaient leurs flottes, des comptoirs et des colonies. L'une de ces colonies, Carthage, devint assez riche pour tenir tête aux Romains. Ses citoyens ne se battaient point, ils payaient des mercenaires, avec lesquels Annibal faillit écraser Rome.

Dans l'antique civilisation égyptienne, qui a laissé de si grandioses monuments, il y eut mélange d'Aryas et d'Araméens. L'Égypte, comme l'Inde, était primitivement peuplée de noirs qui furent soumis par les blancs. D'immenses troupeaux d'esclaves obéissaient à des maîtres de race différente.

Ce fut pourtant au milieu de peuples araméens que se produisit le plus sublime des dévouements. Rome succombait, épuisée par la débauche et l'esclavage. Elle avait corrompu tous les peuples de l'Occident en les faisant esclaves. Dans la Judée apparut la religion qui ordonnait aux hommes de s'aimer les uns les autres, qui leur enseignait non plus les vertus d'apparat, mais la vertu simple et modeste, la pureté, la sévérité pour soi, l'indulgence pour autrui. Une immense espérance souleva l'Europe. Tous ceux qui souffraient, tous ceux qui étaient opprimés accueillirent avec enthousiasme la bonne nouvelle. Et malgré les plus atroces persécutions aucun d'eux ne renia sa foi.

Longtemps immobiles, tout à coup les Arabes s'élancèrent à la conquête du monde. Ils voulaient le soumettre au fatalisme. Ils domptèrent la Perse, l'Égypte, le nord de l'Afrique, l'Espagne. Ils pénétrèrent en France, mais furent vaincus par Charles Martel, sauveur de l'Europe. S'ils avaient triomphé, il y aurait aujourd'hui parmi nous la même torpeur, le même affaissement des âmes que chez les peuples fatalistes de l'Orient. Leur grandeur dura peu ; fruit de l'enthousiasme religieux, elle commença et finit soudainement. Il y eut un certain éclat intellectuel dans leur civilisation, mais il était tout emprunté aux Grecs. Les Arabes sont restés fort braves, nous l'avons éprouvé dans le nord de l'Afrique. Ils ont des sens d'une finesse exquise ; ils voient plus loin que nous et entendent mieux. Leur corps est bien fait ; de taille moyenne, leurs muscles sont vigoureux, mais minces. La coloration de leur peau varie selon les climats ; celle des yeux et des cheveux est d'un noir foncé. Leurs traits ont beaucoup de distinction.

Les premiers habitants du sud-ouest de l'Europe étaient des peuples araméens. En Espagne, dans le nord de l'Italie, dans le midi de la France, ils se fondirent avec les Aryas. Mais, dans les Pyrénées, au pied de ces montagnes, sur les deux versants, ils ne se sont point mélangés. Il existe encore en Espagne et en France un million de Basques. Ils parlent l'euskara, une langue primitive, aussi distincte des langues aryanes que des sémitiques. Celles-ci savent exprimer tous les changements de temps, de situation, de rapports, de circonstances, en conjuguant ou en déclinant les mots, en les modifiant, en changeant les désinences. Cette ingénieuse invention les simplifie beaucoup. Le mot devient vivant, il varie selon l'idée qu'il exprime, il subit toutes les modifications qui affectent son sujet. S'il restait inflexible, il faudrait y joindre d'autres mots pour rendre ces modifications. C'est ce que fait l'euskara. Dans cette langue les mots sont immuables ; pour en modifier le sens il faut y accoler d'autres mots également immuables. Ce procédé de langage a été appelé agglutination. Les Basques ont les cheveux et les yeux noirs des Araméens ; ils sont gais, agiles, hospitaliers. La civilisation moderne leur est à peu près inconnue. Soumis aux Carthaginois, puis aux Romains et enfin aux Espagnols et aux Français, ils ont toujours conservé leur sang et leur caractère intacts.

Dans l'Europe orientale, bien des mélanges se sont faits entre les blancs et les jaunes. Les peuples qui en proviennent sont peu intéressants ; leur intelligence est faible et leur nombre tend à diminuer.

La face humaine peut se développer de deux manières différentes, latéralement ou en avant, s'élargir ou s'allonger. Le développement latéral, celui des pommettes, constitue le type jaune. Le développement en avant, celui des os maxillaires, constitue le type noir. Les jaunes ont les pommettes saillantes et les yeux obliques, parce que la peau est tendue par cette saillie. Leur visage est plat, leur nez écrasé, leur teint olivâtre, plus ou moins foncé. Leurs cheveux sont généralement noirs, longs et rudes, leurs lèvres épaisses. Leur taille, excepté dans quelques parties de la Chine, est moins élevée que celle des blancs.

A la tête de la race jaune se placent les Chinois. Ces hommes ont fondé une grande et belle civilisation, bien antérieure à la nôtre. L'Europe était plongée dans la barbarie, elle en sortait, puis y retombait, tandis que la Chine conservait intacte son antique civilisation. Notre génie n'est jamais content de son œuvre, il la détruit et la refait sans cesse, afin de l'améliorer. Le génie chinois, plus calme et plus persévérant, fut satisfait de l'état auquel il avait amené la société. Et afin de l'y maintenir, il fut défendu de rien innover. Mais l'esprit humain a besoin de renouveler ses idées, sinon il devient stérile et se pervertit. La décadence actuelle de ce pays, son affaiblissement moral et intellectuel, proviennent de la longue immobilité à laquelle il a été condamné.

Comme tous les Asiatiques, les Chinois ont un caractère servile. Il sont aujourd'hui généralement lâches. Mais il n'en a pas toujours été ainsi : ils ont fait des conquêtes sur les Mongols et les ont longtemps repoussés. Les Mongols, les ayant soumis, se sont attachés à leur ôter tout courage. Ce sont aussi leurs dominateurs étrangers qui, jusqu'à notre époque, ont exclu de la Chine les Européens. Si les Chinois ont la vanité de se croire supérieurs à nous parce que notre civilisation est récente, ils ne nous sont pas hostiles. Ils sont patients, sobres, laborieux, doux et polis ; ils aiment l'instruction. Nous leur reprochons cruellement leur fausseté et leur ruse, sans songer qu'ils n'ont pas d'autres armes pour se défendre contre les injustices des forts. Nous les jugeons d'après leur décadence et d'après les plus vils d'entre eux, qui, dans les ports, consentent seuls à frayer avec nous.

L'élévation morale a été aussi grande chez eux que chez aucun autre peuple. Leur philosophe Confucius leur a enseigné la vertu la plus sublime. Posséder la droiture du cœur et aimer son prochain comme soi-même, voilà toute sa doctrine. C'est un des hommes qui honorent le plus l'humanité. Mais ils nous sont bien inférieurs dans la manière de fixer la pensée. Toute écriture a commencé par la représentation des objets. La parole traduisait ces figures par les noms donnés aux objets. Elles ne tardèrent point à s'altérer et à ne plus rappeler ces noms que par convention. Alors les Chinois en firent des figures abstraites : au lieu de peindre les objets, ils peignirent les idées. Chaque mot eut son image. Les inventeurs de notre écriture, plus intelligents, étudièrent les mots avant de les graver. Ils les trouvèrent tous composés des mêmes sons, diversement répartis et combinés. Ainsi les mêmes traits suffisent à produire tant de visages différents. Ils découvrirent et isolèrent les éléments de la parole, qui sont déterminés par la constitution même de la voix humaine. Avec quelques signes purement conventionnels ils les fixèrent. Ce bienfait assura à l'humanité le libre exercice de sa pensée. Celle-ci, au contraire, est gênée chez les Chinois par un travail matériel excessif. L'étude de l'écriture est immense et fatigue inutilement l'esprit : un Chinois instruit doit connaître des milliers de signes différents ou leurs modifications. Leur langue est monosyllabique : pour eux, toute syllabe a un sens et représente une idée.

Les Mongols menacent à l'orient la Chine, à l'occident l'Europe. Ils errent dans les froides steppes avec leurs troupeaux et les chariots qu'ils habitent. Ils n'ont pas su, comme les autres peuples, se fixer à la terre et la cultiver. C'est là le premier des progrès et le fondement de tous les autres. Au nord de l'Asie et de l'Europe, dans ces vastes contrées où le froid diminue la taille et l'intelligence de l'homme, habitent quelques rares populations jaunes.

Les peuples qui occupaient l'Amérique avant l'arrivée des Européens appartenaient surtout à la race jaune. Ils avaient fondé de grands empires, despotiques comme ceux de l'Asie, dans le Mexique, au Pérou. Ils furent en grande partie exterminés, et leurs restes tendent à disparaître ou à se fondre avec les Européens.

La race noire a les os maxillaires proéminents, les cheveux grossiers et crépus, le nez aplati, le front étroit, les lèvres épaisses. Les peuples noirs ont les premiers parcouru le monde à une époque où les migrations des jaunes et des blancs n'avaient pas encore commencé. Ils sont même venus en Europe, où la découverte de quelques ossements révèle leur passage ; ils ont occupé les presqu'îles méridionales de l'Asie, l'Égypte, l'Océanie. Ils furent exterminés ou soumis par les deux autres races ; en Océanie, ils se mêlèrent avec les jaunes. Les blancs sont allés en Afrique ; les Égyptiens d'abord, dont la civilisation a laissé chez plusieurs peuplades africaines des vestiges. Les Arabes n'ont fait que du mal à l'Afrique ; ils y ont trouvé l'esclavage établi et l'ont beaucoup développé à leur profit. Les Portugais, maîtres du littoral, pénétrant même assez loin dans l'intérieur, ont également exploité le commerce des esclaves. Puis tous les peuples européens sont venus dans ce pays acheter des hommes.

L'Afrique n'a pu sortir de l'état primitif. Beaucoup de ses tribus vivent dans les forêts de leur chasse et des fruits sauvages. Quand ces misérables ressources viennent à leur manquer, elles périssent. Celles qui cultivent le sol sont gouvernées par des tyrans imbéciles habitués à vendre leurs sujets. Elles n'ont jamais pu se donner de meilleurs gouvernements. En guerres perpétuelles avec leurs voisins, elles s'entre-détruisent sans cesse ; les prisonniers sont vendus ou égorgés. Toutes les routes qui conduisent aux ports fréquentés par les négriers, restent couvertes d'esclaves morts de faim ou de lassitude. Malgré la surveillance des croisières, ce commerce ne s'interrompt point. Mais la race noire est si féconde, que tant de pertes n'ont pu l'épuiser. L'esclavage a rendu les Africains perfides et cruels. Ils avaient pourtant la bonté, l'abnégation, la fidélité, de nobles vertus. Leur intelligence peut même s'élever; ils comprennent ce qui leur est enseigné.

Les plus beaux noirs ce sont les Cafres; ils ont des traits réguliers et une certaine civilisation. Quelques populations océaniennes se distinguent par les mêmes qualités. Mais les derniers des hommes se trouvent en Australie. Ces malheureuses peuplades grêles, mal constituées, ignorantes, disparaissent devant la civilisation.

Notre supériorité sur tant de peuples n'est point due à un privilége de naissance, à une faveur. Nous étions bien doués; mais eux aussi avaient en puissance dans leurs âmes des forces qu'ils auraient pu développer, s'ils avaient habité d'autres climats, s'ils avaient eu plus de courage et de persévérance. Nous avons commencé, comme eux, par la barbarie où ils sont restés. Nous avons pensé, agi, souffert ; chacune de nos générations a travaillé pour les générations suivantes et augmenté le trésor commun. Nous avons toujours eu des hommes intelligents et dévoués qui nous ont donné des idées neuves, vraies, fécondes. Tout ce que nous possédons, nous l'avons péniblement conquis et ne le devons qu'à notre énergie.

PARIS. — IMP. SIMON RAÇON ET COMP., RUE D'ERFURTH, 1.

HISTOIRE DE L'HOMME

COURS

D'HISTOIRE NATURELLE DES CORPS ORGANISÉS

AU COLLÉGE DE FRANCE

SEPTIÈME ET HUITIÈME LEÇONS

PARIS

LIBRAIRIE GERMER BAILLIÈRE

17, RUE DE L'ÉCOLE-DE-MÉDECINE

1864

Extrait de la Revue des cours scientifiques.
Première année. — Nᵒˢ 8 et 9.

Paris. — Imprimerie de E. MARTINET, rue Mignon, 2.

HISTOIRE
DE L'HOMME

M. Gustave Flourens, avant d'entrer dans le détail des peuples, a voulu, en quelques leçons, donner une idée de l'univers au point de vue de l'espèce humaine.

D'abord il a traité des rapports entre l'âme et la matière. Ces rapports sont de deux sortes : 1° rapports de l'âme avec la portion de matière individualisée autour d'elle pour lui former un corps; 2° rapports de l'âme avec la matière qui lui est étrangère.

Dans la *seconde leçon*, il a pris à l'origine cette matière étrangère à l'homme. Il a montré comment les planètes se sont formées par la condensation de la matière dont elles se composent. Cette matière, d'abord aussi ténue que les nébuleuses non résolubles répandues dans l'espace, occupe beaucoup de place et développe beaucoup de chaleur. Ses molécules se repoussent; mais le rayonnement dans l'espace diminue sans cesse cette chaleur. Alors l'attraction triomphe de la répulsion. L'attraction précipite vers le centre la grande masse de matière : ainsi se forme le soleil. Le refroidissement étant inégal, des lambeaux de matière constituent des zones concentriques au soleil; l'attraction force ces zones à tourner autour du soleil et à prendre la figure sphérique : ainsi se forment les planètes, notre globe terrestre, par exemple. — Des molécules qui se repoussent ou s'attirent : deux forces dans la matière, attraction et répulsion.

Dans la *troisième leçon*, il a suivi les différentes périodes du refroidissement sur notre globe terrestre; les mers, d'abord en vapeur dans l'atmosphère, puis se déposant sur l'enveloppe solide du feu central et la recouvrant, sauf quelques îlots granitiques, boursouflures primitives de cette enveloppe; ces îlots servant de noyaux aux continents, au moyen des sédiments que les mers arrachent à leurs bassins et viennent y adosser; les différents mouvements successifs d'exhaussement et d'affaissement qui émergent ou immergent ces continents, la végétation apparaissant, puis l'animation, et celle-ci se perfectionnant à mesure que les conditions d'existence deviennent meilleures; enfin l'apparition de l'homme.

Dans la *quatrième*, il a esquissé les lois du mouvement organique de la matière. Ce mouvement, supérieur au précédent, à l'inorganique, donne naissance à des êtres bien plus parfaits, doués de mouvements automatiques (les végétaux), de mouvements automatiques et spontanés (les animaux). Il est aussi déterminé par l'attraction et la répulsion. L'attraction force quelques corps simples à entrer dans des compositions complexes auxquelles la matière répugne et que la répulsion détruit sans cesse. De là la succession rapide des individus parmi les êtres organisés. L'œuf est un petit monde distinct, où le nouvel être ne perçoit les influences extérieures, trop fortes pour lui, que corrigées par son milieu individuel.

Dans la *cinquième leçon*, il a traité des rapports de l'âme avec le corps. Pour communiquer avec celui-ci, l'âme a besoin d'un organe, c'est le cerveau. Repoussant la localisation grossière et superficielle des facultés de l'âme par Gall, le professeur en admet une autre intime et profonde, que nos sens ne peuvent percevoir, mais qui se révèle par des faits, dont il a indiqué quelques-uns. Et ici, ce n'est point, comme dans le système immoral et faux de Gall, l'organe qui détermine la fonction, mais la fonction qui détermine l'organe. L'homme conserve donc son libre arbitre et le mérite de ses actions bonnes ou mauvaises.

La *sixième leçon* a été consacrée à la grande question de l'espèce, fondement de toute la science. L'espèce n'est point une convention, un terme de classification. C'est le fait le plus positif qui existe. Les individus ne sont que des représentants passagers de l'espèce : ils ont en dépôt pour un moment l'ensemble de formes corrélatives et mutuellement dépendantes qui constitue l'espèce. Ils la conservent en se reproduisant. Aucune espèce ne peut se perpétuer au moyen d'un seul couple, d'une seule famille. Les unions consanguines suffisent à vicier l'hérédité ; elles produisent pour l'âme, l'idiotie et la folie ; pour le corps, le rachitisme et les scrofules. L'humanité a apparu par des tribus primitives nombreuses et dont les individus étaient en âge de se suffire à eux-mêmes. Ce sont là des faits complétement acquis à la science.

VII.

Des Aryas.

Messieurs,

Dans les leçons précédentes, nous vous avons présenté les bases de notre enseignement de cette année ; nous allons, dès aujourd'hui, aborder l'examen de chacun des peuples. Mais auparavant je veux vous exposer en quelques mots les termes de classification dont nous nous servirons. S'agit-il d'un Français, par exemple, et voulons-nous descendre de l'espèce à l'individu, dernier terme de la classification, nous établirons la nomenclature suivante : espèce : humaine ; — variété : blanche ; — division : aryane ; — sous-division : latine ; — section : française ; — sous-section : picarde ; — famille X... — individu N... Cette marché descendante est facile, mais si nous voulions remonter de l'individu à l'origine du mouvement, la question deviendrait plus complexe ; car, comme je l'ai dit, il est impossible à une seule famille de se propager, et nous verrons par de fréquents exemples, combien les unions trop rapprochées sont dangereuses pour l'âme et pour le corps.

Après avoir établi cette classification, passons à l'étude de la division aryane. Disons d'abord que le nom d'Arya signifie en sanscrit : *pur, brave*. Le nom national des Aryas voulait donc dire les hommes purs. Les Grecs avaient emprunté au même radical le nom de leur dieu de la guerre, Mars (Ἄρης), de la vertu (ἀρετή).

Comment a-t-on pu parvenir à la connaissance de ce peuple primitif des Aryas? M. Adolphe Pictet a fait pour eux ce qu'il appelle à juste titre de la paléontologie linguistique. La langue d'un peuple, expression de sa pensée, est l'image exacte de ses mœurs, de ses habitudes, de ses connaissances. Retrouver les mots d'une langue, c'est reconstituer un peuple. Or, si les langues primitives ont pu se perdre, les mots qui les composaient, dans leur partie essentielle au moins, dans leurs radicaux, se sont conservés. Et avec ces radicaux, on peut rétablir une langue, comme avec des fragments d'un squelette on peut reconstituer une espèce perdue. Si dans toutes les langues européennes (excepté la langue basque), on trouve un même radical pour désigner un même objet, il faut en conclure qu'elles dérivent toutes d'une même langue primitive, d'où elles ont tiré ce radical, en le modifiant suivant le génie particulier à chacune d'elles. Puis, quand on compare ces langues européennes au sanscrit et au zend, on découvre dans ces deux idiomes des mots tout à fait semblables, des ressemblances continuelles, surtout avec le grec, le latin, le lithuanien en particulier. Il y eut donc un peuple primitif qui parla un langage, souche des langues sacrées de l'Inde, de la Perse et de nos langues européennes, langage perdu aujourd'hui, mais que l'on peut rétablir en prenant dans toutes ces langues secondaires les radicaux qu'elles offrent en commun. Ces radicaux sont bien la langue primitive. Ainsi, par cette étude linguistique, nous arrivons à la connaissance des mots dont se servaient les Aryas, et, par suite, des idées que représentaient ces mots, de l'état de civilisation, de l'histoire de ce peuple.

Tous ces renseignements concordent à faire des Aryas un peuple pasteur, aux mœurs douces, très-intelligent et très-bien doué. Leur ambition, c'était d'avoir de nombreux troupeaux, la richesse et la santé, car de l'âme ils ne s'inquiétaient pas encore. Peuple enfant, s'impressionnant vivement, aimant le monde extérieur et l'exprimant dans son langage avec une richesse et une facilité merveilleuses. Peuple déjà amoureux de la liberté dont ses descendants, Grecs, Français, Anglais, seront les grands défenseurs, gouverné par des chefs de tribus, semblables aux Caciques américains. Peuple bon et reconnaissant, plein d'affection pour qui lui fait du bien, célébrant dans des hymnes magnifiques les bienfaits de ses dieux matériels : la nuit qui apporte aux mortels fatigués le doux repos, la splendide aurore qui ramène la gaieté, le fleuve limpide, les verdoyants pâturages, la boisson fermentée qui ranime les cœurs. Peuple brave, avançant courageusement à travers le monde, ne regardant jamais en arrière, toujours vainqueur, tant il a de force d'âme, des ennemis qui l'entourent, de tous ces autres peuples, jaloux de sa supériorité, qui avant son expansion se sont partagé la terre. Nous avons le droit d'être fiers de notre origine. L'homme-peuple, de même que l'homme-individu, est le seul artisan de sa destinée : si nous sommes grands, c'est parce que nos ancêtres, dès le début de leur action, ont voulu être grands.

Quel fut le séjour originaire de ce peuple Arya? Tous les peuples ont un paradis, un séjour d'enfance qu'ils ornent des plus belles couleurs dans leurs légendes, et dont le souvenir leur reste toujours cher. Ainsi l'homme-individu adore la maison paternelle où se sont écoulées ses plus heureuses années, et ne l'oublie jamais. Dans les livres zends, dans les livres sacrés de la Perse, il est fait mention d'un pays fortuné, l'*Ariane de l'origine* (Airyana vaêga) : et ce pays est situé au nord du plateau de l'Iran, du second séjour habité par les Persans qui descendirent ensuite plus bas au midi, jusqu'au Farsistan actuel. Des traditions analogues se retrouvent chez les Hindous : c'est toujours au nord que ces peuples placent leur paradis.

Ces données et l'étude de la langue aryane, qui nous apprend les noms des végétaux et des animaux connus des Aryas, fixent leur pays dans l'ancienne Sogdiane et Bactriane (Boukharie actuelle, dans le Turkestan). Ce pays nous est peu connu ; il est dangereux pour les Européens d'y pénétrer, à cause de la perfidie des Ouzbecks qui l'occupent. Un jeune Polonais, le lieutenant Witkiewicz, l'a pourtant visité en partie, mais nous en avons surtout une bonne relation par l'Anglais sir Alexander Burnes (*Travels into Bokhara*); sa description concorde avec celle de Quinte-Curce dans l'expédition d'Alexandre. La Bactriane était un pays fertile, boisé dans certaines parties, riche en pâturages, bien arrosé par des sources nombreuses, produisant le blé, la vigne, nourrissant les hommes, les troupeaux en abondance. Elle était donc propre à servir de berceau à un peuple primitif, et elle seule, dans cette région, y est propre. Plus au nord, nous trouvons les steppes des Kirghiz, habitables seulement pour des hordes nomades, steppes salées couvertes de lacs saumâtres, derniers vestiges d'une ancienne mer, dont la Caspienne et l'Aral sont les débris. A l'ouest, ce sont des dunes de sables mouvants, soulevécs par les moindres vents, comme dans le Sahara. A l'est, se dresse la barrière neigeuse des monts Belour, limite de l'Asie occidentale. Les traditions, la linguistique et la topographie placent donc la première patrie de nos ancêtres dans la Bactriane.

La société aryane se retrouve tout entière dans les Védas, c'est-à-dire le livre, la bible, des Hindous. C'est le père de famille, patriarche, chef des siens, accomplissant le sacrifice qui doit assurer à ceux-ci la richesse et le bonheur. Dans les Védas, il n'est point fait mention des castes, des dieux de castes (Brahma, Vichnou, Siva). Ce sont là pourtant les grands faits sociaux de l'Hindoustan, et nous les trouverons dans toutes les œuvres postérieures. Les trois principaux dieux des Védas sont des dieux matériels : l'Air (Indra), le Feu (Mithra), l'Eau (Varouna). L'inspiration est pourtant quelquefois très-élevée :

« Alors rien n'existait, ni le non-être, ni l'être ; ni air,
» ni région supérieure. Quelle était donc l'enveloppe de
» toutes choses ? Où était le réceptacle de l'eau ? Où était
» la profondeur impénétrable de l'air ? Il n'y avait point
» de mort, point d'immortalité ; pas de flambeau du jour
» et de la nuit. Mais Lui seul respirait, absorbé dans sa
» propre pensée. Il n'existait rien, absolument rien autre
» que Lui. Les ténèbres étaient, au commencement, en-
» veloppées de ténèbres ; l'eau était sans éclat, et tout
» était confondu en Lui. L'Être reposait dans le vide qui
» le portait ; et cet univers fut enfin produit par la force
» de sa dévotion. D'abord le désir se forma dans son es-
» prit, et ce fut là la première semence.

» C'est ainsi que les sages, méditant dans leur cœur et
» leur intelligence, ont expliqué le lien de l'être au non-
» être dans lequel il est. Le rayon lumineux de ces sages
» s'est étendu partout ; il a été en bas, il a été en haut.
» C'est qu'ils étaient pleins d'une semence féconde ; c'est

» qu'ils avaient une grande pensée. La propre pensée
» de l'être survivra à tout, comme elle a tout précédé.

» Mais qui connaît exactement ces choses? Qui pourra
» les dire? Ces êtres, d'où viennent-ils? Cette création,
» d'où vient-elle? Les dieux ont été produits, parce qu'il
» a bien voulu les produire. Mais Lui, qui peut savoir
» d'où il vient lui-même? Qui peut savoir d'où est sortie
» cette création si diverse? Peut-elle, ne peut-elle pas se
» soutenir elle-même? Celui qui, du haut du ciel, a les
» yeux sur ce monde qu'il domine, peut seul savoir si
» cela est ou savoir si cela n'est pas. »

Mais, en général, c'est le bien-être matériel que demandent ces hymnes :

« O Indra! viens à ce sacrifice; savoure les mets et
» toutes les libations que nous t'offrons, dieu grand, dieu
» victorieux dans ta splendeur et ta force! Répandez du
» vase apprêté par vous cette boisson qui réjouit Indra,
» notre joie; répandez cette boisson puissante en l'hon-
» neur d'un dieu tout-puissant. Savoure, ô dieu au no-
» ble visage, les hymnes qui doivent te réjouir et te flatter!
» Roi de tous les humains, amène les autres dieux à nos
» sacrifices. O Indra! j'ai versé avec les libations ces
» chants qui te célèbrent; ils ont monté vers toi, qui es
» maître de combler tous nos vœux, et tu les as reçus.
» Réunis pour nous ces biens si divers que l'homme
» peut souhaiter, ô Indra! ils sont en toi avec une suffi-
» sante, avec une merveilleuse abondance. Conduis-
» nous heureusement à la richesse que nous désirons;
» ô le plus puissant des dieux, conduis-nous à la gloire!
» Conserve-nous, durant notre vie entière, les bien-
» faits de nombreux troupeaux et d'une nourriture
» féconde que rien ne puisse nous ravir. Donne-nous
» l'éclat et la fortune avec tous ses dons, ô Indra! que
» transportent sous mille formes les brillants chariots.
» Oui, nous invoquons dans nos hymnes, Indra, le riche

» souverain de la richesse ; il aime nos chants, il vient
» nous défendre, et le père de famille qui célèbre le sa-
» crifice avec ces libations dès longtemps apprêtées,
» chante la gloire puissante du grand Indra devenu l'hôte
» de sa maison. »

La richesse, ce sont surtout les troupeaux qui paissent
les gras pâturages de la Bactriane, et ces peuples heureux n'ont encore d'autre souci que d'obtenir la multi-
plication de leurs trésors. La passion du jeu, si forte chez
les Aryas-Hindous, malgré les défenses de leur législa-
teur, a inspiré un hymne où le délire du joueur est peint
avec une énergie sauvage et une vérité saisissante :

« Ces dés qui s'agitent, qui tombent en l'air, et qui
» roulent sur la poussière, ces enfants du dieu du jeu
» me rendent fou. Mon ivresse est pareille à celle du
» Soma.

» Ma femme ne me maltraite point ; elle ne m'injurie
» pas ; elle a toujours été bonne avec moi ; et moi pour
» un dé qui d'un seul coup peut tout ruiner, je laisse une
» si tendre épouse !

» Ma belle-mère me hait ; ma femme me retient ; le
» pauvre qui me demande l'aumône n'est pas satisfait par
» moi, car je mène la vie d'un vieux et mauvais cheval
» de louage.

» D'autres s'occupent de la femme de l'homme qui met
» toute sa science dans les coups d'un dé triomphant.
» Son père, sa mère, ses frères, disent de lui : « Nous
» ne le connaissons pas ; qu'on l'enchaîne et qu'on l'em-
» mène.

» Quand j'y réfléchis, je ne veux plus être maîtrisé
» par ces dés ; mais je me laisse entraîner par des amis.
» En tombant, les dés font entendre leur voix, et je vais
» à leur appel comme une amante ivre d'amour.

» Le fou arrive à la réunion tout échauffé : « Je gagne-
» rai », se dit-il. Aussitôt les dés s'emparent du désir du

» joueur, et lui leur donne en un seul jour tout ce qu'il
» possède.

» Les dés sont comme les crocs dont se servent les
» conducteurs des éléphants pour presser leur monture ;
» ils déchirent, ils brûlent d'espérances, de regrets ; ils
» s'attachent à la jeunesse, tantôt victorieux, tantôt abat-
» tus ; et ils se couvrent de miel pour séduire l'âme de
» l'insensé.

» Cependant l'essaim des cinquante-trois points se livre
» à ses jeux, comme le divin, le pieux Savitri ; ils ne
» cèdent jamais à la colère ni à la menace, tandis qu'il
» n'y a pas de roi qui ne doive leur rendre hommage et
» se prosterner devant eux.

» Ils roulent sur le sol, ils tremblent dans l'air, et,
» quoique privés de bras, ils dominent celui qui a des
» bras. Charbons du ciel tombés sur la terre, tout froids
» qu'ils sont, ils brûlent le cœur.

» L'épouse du joueur se désole de l'abandon où il la
» laisse ; sa mère s'afflige de l'absence d'un fils qu'elle
» ne voit plus. Lui-même tremble de rencontrer son
» créancier ; il convoite le bien des autres, et il ne rentre
» plus chez lui que la nuit.

» Quand le joueur revoit sa femme, il s'attriste en pen-
» sant que la couche d'autres épouses est heureuse et
» tranquille ; mais, dès le matin, il a attelé de nouveau
» ses noirs coursiers, et quand Agni finit sa lumière, il
» se couche par terre comme un misérable vidhala.

» Celui qui le premier a été le général de votre grande
» armée, le premier roi de votre race, ô Dés ! à celui-là
» je lui rends hommage. Je ne dédaigne pas vos présents,
» mais je dis en toute vérité ceci :

« Ne joue pas aux dés ; laboure plutôt la terre comme
» un laboureur, et jouis du fruit de ton travail avec
» abondance, avec sagesse : c'est là que sont tes vaches,
» tes trésors, ô joueur ! c'est là qu'est ta femme. » Que

13

» Savitri m'assure ce bonheur, et je m'en contente.
  » Mais traitez-moi en ami, ô Dés! Ne vous fâchez pas
» contre nous ; ne venez pas avec un cœur impitoyable ;
» que votre courroux s'appesantisse ailleurs, et qu'un
» autre que nous soit dans les liens de ces noirs com-
» battants. »

VIII.

Des Hindous.

TABLEAU I.

VARIÉTÉ BLANCHE. — DIVISION ARYANE. — SOUS-DIVISION
HINDOUE.

CONSTITUTION. — *Crâne* ovale, occiput proéminent,
pommettes peu développées, os crâniens minces et lé-
gers ; visage régulier, yeux grands et vifs, bouche petite,
nez étroit, menton arrondi, cheveux noirs et lisses.
Muscles émaciés, bien moins vigoureux que ceux des
Aryas-Européens ; point de mollets, mains petites et faibles. *Taille* généralement inférieure à celle des Européens. *Teint* assez clair au nord, plus foncé au midi, la
plante des pieds et la paume des mains restant blanches ;
transitions variées du blanc au cuivré.

CARACTÈRE. — Mou et résigné, patient à l'excès, ori-
ginellement très-doux, rendu féroce par le climat ; génie
tout méridional d'une inépuisable fécondité, mais moins
réglé que celui des Grecs, tour à tour sublime et extra-
vagant ; sentiments religieux très-développés, nation
entière asservie à des pratiques et à des observances
monacales.

ACTION. — Nulle en dehors de l'Hindoustan : point
d'émigration, excepté celle des Gitanos : l'esprit entre-
prenant des Aryas s'énerve sous cette latitude. Succes-

sivement tous les peuples ont voulu posséder ce magnifique pays et en ont occupé une partie plus ou moins grande. Conquête *assyrienne* sous Sémiramis (au nord); *égyptienne* sous Ramsès (Sésostris); *perse* sous Darius Ier; *grecque* sous Alexandre et Séleucus Ier Nicator; *arabe* sous la dynastie des Ommiades; *mongole* sous les Gengiskhanides, Tamerlan, Babeur (grands Mogols); *persane* sous Nadir-schah; *portugaise* sous Vasco de Gama (littoral occidental); établissements *hollandais* et *danois;* *française* sous Dupleix et La Bourdonnais; *anglaise* sous Clive et Warren Hastings. Malgré tant de désastres, la nationalité hindoue subsiste toujours. Mais il est résulté du contact de tant de peuples de nombreux mélanges qui se sont surajoutés aux mélanges primitifs, entre les émigrés de l'Aryane et les premiers habitants, noirs et jaunes, de l'Hindoustan.

Messieurs,

C'est par l'étude du *Ramayana*, de ce magnifique poëme, que nous pourrons le mieux nous faire une idée du caractère hindou. Rama est fils d'un roi; son père a fait un serment imprudent. Il a promis à la marâtre de Rama de le déshériter, au profit du fils de celle-ci. Il tient son serment, tant la religion de la foi jurée est grande chez les Hindous; mais il meurt de chagrin d'avoir déshérité le meilleur des fils. Rama est parti pour l'exil, accompagné de son frère Lakchmana et de sa femme Sita. Ce sont trois nobles personnages; le dévouement du frère est beau, celui de la femme est sublime. « Reste en ces palais, fille des rois, lui dit Rama, ne me suis pas sur le triste et sombre sentier de l'exil. — Non, répond Sita, l'époux est l'asile de la femme : partout où tu seras, au milieu des bêtes sauvages et des forêts, je serai heureuse et contente. » Rama est digne de ce dévouement, jamais il n'y eut de caractère aussi noble, aussi pur, aussi grand. Bharata, le fils de la marâtre, est un honnête homme, il ne veut point de ce trône qui appartient à Rama et va le trouver dans la solitude où celui-ci s'est retiré. De là une lutte magnifique de désintéressement entre ces deux hommes. Rama s'enfonce plus avant dans les forêts, afin que le vœu de son père s'accomplisse, afin que Bharata reste roi. Partout il secourt les malheureux, il s'attaque courageusement aux méchants. Ceux-ci se vengent ; ne pouvant vaincre le héros par la force ouverte, ils emploient lâchement une ruse odieuse. Pendant son absence, le perfide Ravana tue le fidèle vautour qui gardait Sita et enlève celle-ci. Rama, désespéré, ne trouvant au milieu des forêts aucune assistance humaine, fait alliance avec le roi des singes, le brave Hanouman. Car les animaux ne sont point, pour les Hindous, comme pour les Occidentaux, séparés de l'humanité par un abîme. Ce sont des âmes humaines condamnées, pour quelque faute commise dans leur existence précédente, à devenir passagèrement bestiales : par une bonne conduite elles pourront remonter à l'humanité. Hanouman rassemble ses singes, leur fait construire un pont entre le continent et l'île de Ceylan où Ravana a emmené Sita. Le ravisseur est vaincu, Sita reprise. Mais elle a été longtemps séparée de Rama ; le poëte ne veut point que le moindre doute puisse ternir sa vertu. Elle fait apprêter un bûcher et traverse les flammes, tandis que les dieux viennent lui rendre justice. Alors, après tant d'épreuves, le plus complet bonheur pour ce noble couple. Cependant le courageux singe Hanouman, le libérateur de Sita, était tombé dans les embûches de ses ennemis et avait juré de retourner vers eux. En vain, on s'efforce de le retenir, il part pendant la nuit, et va, comme Régulus, se livrer aux tortures.

Jamais il n'y eut conception plus grande, plus élevée.

Dans sa préface, le poëte promet à son lecteur, gloire, longue vie, richesses, bon lot à la prochaine renaissance. Tout cela vaut les promesses mensongères de nos auteurs dans leurs avertissements. En réalité, on devient meilleur en lisant le Ramayana. L'idée du devoir est partout dominante ; l'honneur, la probité, le courage, l'austérité, anoblissent les caractères. Le sujet est un, l'action entière se rapporte à Rama. Le *mouni*, le solitaire Valmiki, a trouvé les inspirations les plus heureuses, les accents les plus nobles, surtout quand il s'agit de la femme. Et ici il est bien supérieur à Homère et aux tragiques grecs ; ni Pénélope, ni Alceste ne sont des types aussi purs, aussi gracieux, aussi parfaits que Sita. Mais Valmiki est prêtre, ses héros sont trop pieux : derrière toutes ces vertus on sent la règle, le directeur, et non point la conscience seule.

Ces prêtres de l'Hindoustan, ces Brachmanes, méritaient le renom de profonde sagesse que leur ont accordé les Grecs. Leur plus belle œuvre, leur œuvre collective, c'est la loi de Manou. Ce n'est point un code sec et aride, un recueil de formules, comme nos lois civiles européennes. Ce n'est point une compilation sans ordre comme les lois religieuses d'autres Asiatiques.

Loi civile et religieuse en même temps, parfaitement ordonnée, brève et complète, observée depuis trois mille ans. Tout est prévu; l'homme, pour ces prêtres, est un automate dont il faut monter tous les ressorts. Elle le suit dans les détails les plus intimes de la vie, attachant une importance excessive aux moindres choses, le pénétrant de terreurs infinies pour les plus petites omissions de devoirs religieux. Non-seulement elle applique à chaque faute une peine actuelle et humaine, mais par delà ces peines elle a tout un vaste système de punitions et de récompenses. L'univers entier est soumis à la loi des renaissances; nulle existence, même celle des êtres inorganiques, qui ne soit un châtiment ou une rémunération. Les Hindous ne conçoivent pas qu'aucune existence puisse ni commencer ni finir. Ce n'est point une immortalité tronquée, ayant un commencement et n'ayant point de fin, comme chez d'autres peuples ; c'est l'éternité. Ils distinguent parfaitement l'âme et la vie, comme le montre l'hymne suivant des Védas.

« Les sens disputaient entre eux : C'est moi qui suis
» le premier, c'est moi qui suis le premier, » s'écriaient-
» ils. Puis ils se dirent : Allons, sortons de ce corps ;
» celui d'entre nous qui, en sortant du corps, le fera
» tomber, sera le premier.
» La parole sortit : l'homme ne parlait plus ; mais il
» mangeait, il buvait et vivait toujours. La vue sortit :
» l'homme ne voyait plus ; mais il mangeait, il buvait et
» vivait toujours. Le manas (1) sortit : l'intelligence som-
» meillait dans l'homme ; mais il mangeait, il buvait et
» vivait toujours. Le souffle de vie sortit : à peine fut-il
» dehors, que le corps tomba ; le corps fut dissous, il
» fut anéanti. »

Ce serait un beau sujet d'étudier combien, dès l'origine, les Aryas eurent d'idées justes, que la connaissance des faits vient confirmer chaque jour ; tandis que les Araméens ne se sont point élevés au-dessus de cette ignorance grossière qui nous est révélée par leurs livres sacrés. Cet hymne est le commentaire d'une expérience célèbre de mon père. Enlevez à un animal son cerveau, vous lui ôtez son âme, sa volonté, le pouvoir de faire des mouvements spontanés, voulus, de prendre sa nourriture. Mais la vie persiste, et si vous lui mettez au contact de l'œsophage où commencent les mouvements automatiques, sa nourriture ; si vous substituez

____

(1) *Mens*, l'âme.

votre volonté à la sienne, il pourra vivre sans âme, comme l'idiot.

Les Hindous distinguent donc deux principes dans les êtres, dont l'un périt, tandis que l'autre est éternel. Les âmes des dieux sont caractérisées par la bonté ; celles des hommes par la passion, c'est-à-dire qu'elles font tour à tour le bien ou le mal ; celles des animaux par l'obscurité. Observation encore bien juste : il semble que les âmes des animaux soient des âmes humaines obscurcies, où la lumière n'a pu se faire. Sur cette échelle des êtres, les âmes montent ou descendent selon leurs mérites : celui qui souffre, celui qui est dans une condition malheureuse est un coupable qui expie ses crimes. La résignation seule, l'accomplissement de ses devoirs peut le sauver et lui obtenir une renaissance meilleure. Les dieux eux-mêmes, s'ils forment une caste supérieure à l'homme, n'en sont pas moins soumis à la loi de la renaissance selon leurs mérites. Aussi désirent-ils ardemment le *nishreyasa*, la récompense suprême, l'absorption dans Brahma, le grand dieu, bien différente, comme nous le verrons plus tard, du *nirvana* boudddhique. Quand on fait le bien avec l'espoir d'obtenir une récompense, on devient dieu ; quand on le fait avec un désintéressement complet, on conquiert le *nishreyasa*.

Jamais la résignation n'a été aussi fortement inculquée à l'humanité : de là l'immense pouvoir des prêtres dans l'Hindoustan. Ils forment la caste supérieure, la caste des *Brachmanes*, maîtresse de l'univers entier, pouvant créer, par ses dévotions et ses austérités, des mondes nouveaux, des divinités nouvelles. La loi de Manou est constamment occupée d'assurer les priviléges des prêtres, de leur faire obtenir de pieuses donations, de les faire respecter de tous. Mais elle veut qu'ils soient respectables ; elle leur impose un long noviciat, de patientes études, puis, à la fin de leur carrière, la retraite dans la solitude, loin de leur femme et de leurs enfants. La caste sacerdotale ne peut s'allier par mariages avec d'autres castes, elle est donc complétement fermée. Le grand dieu, c'est *Brahma*, le dieu des prêtres. *Siva*, le dieu de la destruction, représente dans la *Trimourti*, ou trinité hindoue, la seconde caste, celle des *Kchattryas* ou guerriers. Le roi est choisi parmi les Kchattryas, mais ce sont les Brachmanes qui gouvernent sous son nom. Il doit sans cesse les consulter, leur obéir ; il est constamment surveillé par un chapelain et un directeur. Les laboureurs et les marchands, les *Vaysias*, ont pour dieu *Vichnou*, le dieu réparateur, conservateur. A eux la richesse et surtout le devoir d'enrichir les prêtres. Puis viennent les *Soudras*, qui n'ont aucun droit : ils doivent servir les autres castes ; s'ils le font avec soumission, ils obtiendront une meilleure renaissance. Quant aux *Tchandalas*, issus du mélange des castes, leur partage c'est l'opprobre et la répulsion universelle, car en les fréquentant on perdrait sa caste.

Ainsi est fondée sur le mensonge l'exploitation par la caste sacerdotale de ce vaste pays de l'Hindoustan, depuis trois mille ans. Les conquérants étrangers sont venus de tous les points du monde, rien n'a changé, les rites sont les mêmes, les hommes se croient aussi les mêmes, et leur éternité les console. Le maître étranger périra tôt ou tard ; qu'importent les siècles à qui est éternel. Les Brachmanes se font soldats pour gagner leur vie ; ils se battent bravement *comme* cipayes. Mais ils ne perdent point leur caste ; ils accomplissent leurs devoirs religieux comme au temps de Manou, préparent eux-mêmes leurs aliments, et ne les partagent avec aucun de leurs compatriotes, s'il n'est de même caste. La crainte d'une souillure est si grande, que, dans les villes hindoues, le malheureux qui n'a plus de caste périt sans aucun secours. Isoler ainsi les hommes, est un

excellent moyen de les dominer, un moyen de prêtre
pour empêcher toute révolte.

Le Mahabharata offre moins d'intérêt que le Ramayana.
Ce n'est point une épopée, c'est une compilation de
poëmes destinés à mettre à la portée de tous la connaissance de la religion hindoue, compilation gigantesque
de deux cent mille vers. L'Iliade n'en a que seize mille.
Mais certains épisodes présentent de merveilleuses beau-
tés et brillent encore par l'élévation morale. Les Pou-
ranas sont les Védas du peuple, développement luxuriant
de légendes, de traditions souvent contradictoires, des
croyances mythologiques des diverses sectes. Quant aux
Brahmanas et aux Oupanischads, ce sont surtout des
traités religieux, des commentaires védiques.

La peau des Aryas-Hindous, placés sous un climat
tropical, a bruni ; mais dans les parties qui ne sont jamais exposées à la lumière solaire, la paume des mains,
la plante des pieds, elle est restée blanche. Cette coloration est un fait secondaire ; elle est transmissible par
hérédité, à cause de leur long séjour dans ce climat,
mais n'est point originelle. La peau des races colorées
ne possède aucun organe qui fasse défaut dans celle de
la race blanche. L'homme profond est partout le même
et ne présente nulle variation spécifique. Entre la partie
supérieure de l'épiderme et le derme se trouve le corps
muqueux, où un pigment coloré peut se déposer chez le
blanc, aussi bien que chez le jaune ou le noir. Mais la
coloration de ces deux variétés, jaune et noire, est originelle. Quant à l'émaciation des Aryas-Hindous, à la
petitesse de leurs mains, elle provient du climat et du
régime. Ils se nourrissent de riz et n'ont même point
toujours cette misérable nourriture en quantité suffisante.

A côté des Hindous, qui parlent des langues flexion-
nelles, se trouvent les Dravidas, qui parlent des langues
d'agglutination. (*Le professeur présente une carte linguis-*

tique de l'Hindoustan.) Ces Dravidas, n'appartenant point à la division aryane, nous occuperont plus tard. Quant aux Hindous, ils possèdent deux langues sacrées, deux langues mortes, sanscrit et pali ; ils parlent aujourd'hui l'hindoustani et un certain nombre de dialectes provinciaux.

Paris. — Imprimerie de E. MARTINET, rue Mignon, 2.